Beauty English Workbook

뷰티영어 실습서

구민사

권오혁 교수

Current) Professor of Beauty Design Management at Hansung University
Current) Director of the Korean Society of Beauty
Current) Permanent Director of the Korean Society of Beauty
Minister of Unification Social Service Award

김유승 교수

한성대학교 뷰티디자인매니지먼트학과 박사
LA Cinema Make up School 수료
현) 컬러리아뷰티 대표
현) 한국미용학회 이사
PhD in Beauty Design Management, Hansung University
Completed LA Cinema Makeup School
Current) Representative of Coloria Beauty
Current) Director of the Korean Society of Beauty

Beauty English Workbook
뷰티영어 실습서

초판 인쇄 2025년 2월 20일
초판 발행 2025년 2월 28일

저　　자 | 권오혁 · 김유승
발 행 인 | 조규백
발 행 처 | 도서출판 구민사
(07293) 서울시 영등포구 문래북로 116, 604호(문래동 3가 46, 트리플렉스)
전　　화 | (02) 701-7421
팩　　스 | (02) 3273-6942
홈페이지 | www.kuhminsa.co.kr
신고번호 | 제 2012-000055호(1980년 2월 4일)
I S B N | 979-11-6875-509-3 (93590)
정　　가 | 25,000원

Beauty English Workbook

뷰티영어 실습서

머리말

한국의 미용 기술은 수많은 정보와 콘텐츠를 통해 많은 발전을 거듭하고 있으며, 최근 OTT의 발달로 K-Beuaty에 대한 관심이 더 높아지고 있다.
한국의 미용 기술은 세계적으로 인정받고 있으며, 미용 종사자는 한국에만 머무르는 상황이 아닌 세계 곳곳에서 활동할 기회가 생겨나고 있다. 그러나 언어의 장벽으로 인하여 해외 진출에 어려움을 겪는 상황에 아쉬움이 남았고, 세계적으로 주목하는 한국 뷰티 산업의 종사자와 미래의 종사자가 될 학생들에게 이러한 언어의 문제를 보완해주고자 본 교재를 집필하게 되었다.

기본적인 단어와 실제 실무에서 사용하는 문장들을 숙지하고, 다양한 나라의 문화를 익히며 해당 상황의 사진을 붙여 자신만의 책을 만들어 보며 어렵게만 느껴지던 영어에 한걸음 더 가까워지는 데 도움이 될 것이다.

마지막으로 집필 과정에 도움을 주신 모든 분들께 감사드리며, 이 책의 출판을 위해 적극적으로 후원해주신 도서출판 구민사 조규백 대표님과 직원 여러분께 깊은 감사를 드린다.

저자 일동

Preface

The beauty technology of Korea has been continuously developing through a vast amount of information and content, and recently, interest in K-Beauty has increased due to the development of OTT platforms. Korean beauty technology is recognized worldwide, and beauty professionals now have opportunities to work around the globe, not just in Korea. However, language barriers have been a significant obstacle to expanding overseas, leaving much to be desired. To address this issue and help both current and future Korean beauty industry professionals overcome language challenges, this textbook was written.

By familiarizing themselves with basic words and phrases used in actual practice, and learning about the cultures of various countries while creating their own books with photos relevant to each situation, students will find it easier to approach English, which may have seemed difficult before.

Finally, I would like to thank everyone who assisted in the writing process and express my deepest gratitude to Mr. Jo Gyu-Back, the representative of Goomin Publishing, and all the staff for their active support in publishing this book.

From the authors.

CONTENTS

Ⅰ 미용(헤어, 메이크업, 피부, 네일) 용어 정리
Organization of Beauty Terms (Hair, Makeup, Skin, Nail)

Ⅱ 서비스 매뉴얼 Service Manual

Ⅲ 예약 Reservation

Ⅳ 첫방문 First Visit

V 고객 응대/상담하기
Interacting/Consulting With Customers Consulting

VI 시술하기 Performing Treatments

VII 결제하기 Processing Payments

I

미용(헤어, 메이크업, 피부, 네일) 용어 정리
Organization of Beauty Terms
(Hair, Makeup, Skin, Nail)

1 Tools for Hair | 헤어용어

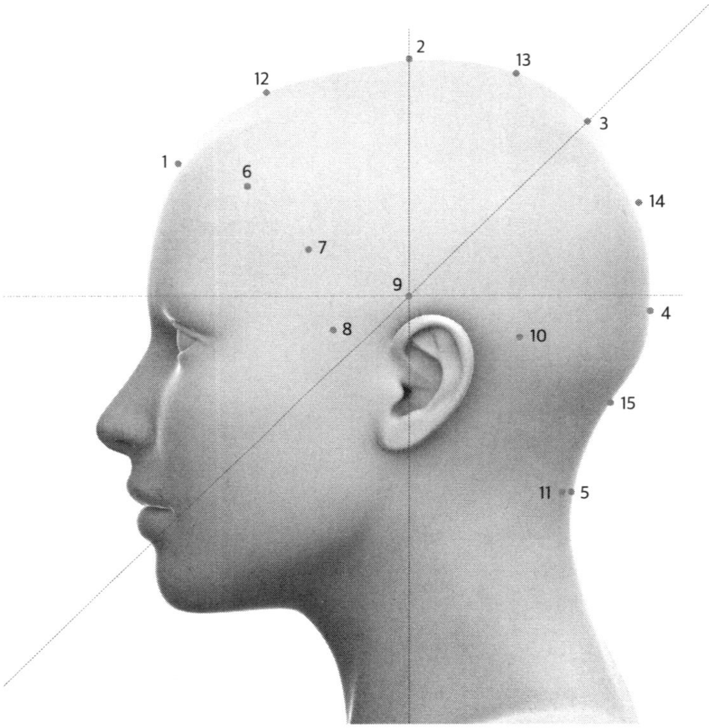

두상의 15포인트

1. **C.P**(Center Point)
2. **T.P**(Top Point)
3. **G.P**(Golden Point)
4. **B.P**(Back Point)
5. **N.P**(Nape Point)
6. **F.S.P**(Front Side Point)
7. **S.P**(Side Point)
8. **S.C.P**(Side Coner Point)
9. **E.P**(Ear Point)
10. **E.B.P**(Ear Back Point)
11. **N.S.P**(Nape Side Point)
12. **C.T.M.P**(Center Top Medium Point)
13. **T.G.M.P**(Top Golden Medium Point)
14. **G.B.M.P**(Golden Back Medium Point)
15. **B.N.M.P**(Back Nape Medium Point)

1. 두상의 명칭 알기

separation	분리
part	side, front, top, crown, back, nape의 6개로 구분하며 winding 시술 시 커트의 경우와 거의 같은 데, 커트의 기본 블록보다 더 작게 구분
top	머리의 가운데 부분
crown	두정부
front	머리 앞쪽 부분
side	양측 두부
nape	목덜미
scalp	두피
side part	옆(사이드)에서 가르는 것
center part	정중선(중앙)에서 가르는 것

point	점
C.P	센터 포인트
S.P	사이드 포인트
S.C.P	사이드 코너 포인트
E.P	이어 포인트
N.P	네이프 포인트
E.S.P	이어백 포인트
G.P	골든포인트(골든 포인트 파트와 이어 라인의 교차점 디자인 시 기본이 되는 포인트)
T.P	톱 포인트
line	선, 외형

cross point	교차점
hem line	머리가 나기 시즈-한 부분
nape line	목 부분의 머리가 나기 시작하는 부분
nack line	목덜미의 선, 목덜미의 옷깃 닿는 부분
left side	왼쪽, 좌측부
rectangular part	"장방형의", "직각의"란 뜻, 모발을 나누는 방법의 일종으로 일반적으로 square part라 한다.
measured crown point	두부의 측정에 임해서 기준이 되는 곳 또는 점
section	부분, 구획 등 구분의 의미로 제도 등의 경우는 교차점을 가리킨다. 커트 용어데서는 부록한 구분을 다시 적은 부분으로 갈라 나누어 잡는 것을 말한다.
center nape point	목덜미의 깃 닿는 부분의 중앙, 즉 뒷목의 약간 위의 깃의 중앙에 해당되는 부분을 말한다.

2. 기본용어

hair dresser	미용사
cut	커트
hair dye	머리 염색
perm	펌
dry, styling	드라이, 스타일링
shampoo	머리감기
setting perm	열을 이용한 펌
combing	빗기기
slice	머릿단을 얇게 떠내다

blend line	섞다
ear to ear line	귀에서 귀를 잇는 선
volume	양감, 머릿단의 밑부분의 일어섬
direction	방향
edge	끝단
diagonal	대각선
stem	머리줄기
vertical	수직의
draping	고객의 옷을 보호하기 위하여 천으로 둘러 주는 것

damaged hair	손상모
virgin hair	한 번도 파마나 염색을 시술한 적 없는 머리
blocking	한 구획을 만드는 것

3. 도구

scissors	가위
comb	빗
sprayer	분무기
razor	면도칼
heating cap	모자식으로 된 가열기
brush	솔, 붓
roll brush	둥근 브러시, 회전 브러시

4. 샴푸 & 린스 용어 설명

basin	샴푸도기
face mask	마사지 팩
towel dry	수건으로 머리칼을 말리는 것
percussion	두드리는 것
slapping	손바닥으로 두드리는 것
cupping	손바닥을 컵 모양으로 오므려서 두드리는 것
tapping	손가락의 지복, 지두로 두드리는 것
conditioning	머리카락이 손상되지 않도록 바르는 제품

kneading	유연법, 손가락으로 근육을 이완시키는 방법
strocking	손바닥과 손가락으로 가볍게 문지르는 기법
vibration	피부, 하부조직에 진동을 전달시키는 기법
friction	피부를 눌러주면서 강하게 문지르는 기법
manipulation	손으로 행하는 조작, 과정 마사지
dandruff	비듬
pretreatment	사전 조치, 예방 조치
acid rinse	산성 린스
blow dry	드라이어로 머리를 건조시키는 것

plain rinse	보통의 린스
guide line	스타일을 만드는데 기준이 되는 머리 길이, 기준이 되는 머릿단을 말함
tonic shampoo	영양제 토닉을 사용하는 샴푸법

5. 커트 용어 설명

blunt cut	가위로 단번에 자르는 커트
corner	구석, 커트하기 위하여 잡아낸 섹션의 각
hair shaping	빗으로 넘기면서 형을 만드는 것
check cut	일단 자른 머리를 다시 커트해서 정발하는 것
wet cut	머리카락이 젖은 상태에서 커트
dry cut	머리카락이 마른 상태에서 커트
thinning	머리 길이를 바꾸지 않고 전체 머리의 양을 적게 하는 것
tapering	머리끝을 점차적으로 가늘게 숱을 쳐내는 것

clipping	튀어나온 머리카락을 정발하여 자르는 것
long stroke	머리끝을 가늘게 만들 때 완만하게 머리의 양을 많게 쳐 내는 것
short stroke	머리끝을 가늘게 만들 때 급하게 머리의 양을 적게 쳐 내는 것
convex	움푹 들어감
slithering	가위로 모발을 잡고 모발의 평행으로 움직이며 미끄러뜨린다.
treamming	형이 완성되어 있는 라인을 가볍게 쓰다듬듯이 하면서 수정, 정발하는 것
cross checking	십자형으로 교차시켜 가면서 체크하는 것
one length	동일 선상에서 같은 길이로 잘리고 그 절단면에 단차가 없는 것
graduation	윗머리를 길게, 아랫머리를 짧게 하여 머리 길이가 서서히 변화를 갖게 하는 커트. 절단면에 단차가 생긴다.

layer	윗머리를 짧게, 아랫머리를 길게 하여 머리 길이가 서서히 변화를 갖게 하는 커트. 절단면에 단차가 생긴다.
bob	단발머리형
mushroom	버섯 모양. 관자놀이에서부터 아래에 만든 보브형
isadora	앞이 올라간 보브형
spaniel	앞이 내려간 보브형

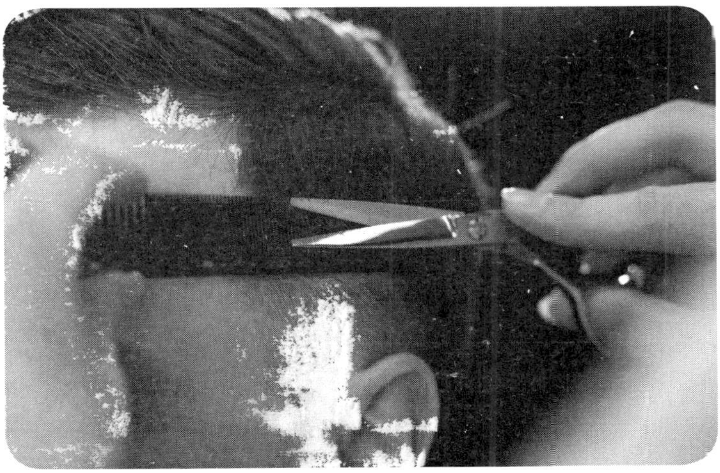

6. 헤어스타일링 용어

brushing	브러시로 빗기기
roll style	컬이 길게 이어진 형의 스타일
mould look	가볍게 머리에 착 달라붙은 머리
bob	단발을 말한다. 클레오파트라의 머리형에서 페이지 보이컷(단발머리), 싱글컷(깎아올림) 등이 있다.
boysh bob	남자의 헤어 커트와 같이 두부에 밀착시키는 쇼트 커트
braided look	머리카락을 땋아서 서로 붙이는 기술을 포인트로 구분한 스타일
be mesha mesh	머리 길이를 정상, 측면 목덜미로 길이로 분할해서 롱으로 커트하는 기법
semi up	세미는 반의 뜻, 밑뿌리를 너무 높게 하지 않는 업스타일. 양복이나 한복 차림에 어울리고 키가 큰 사람의 체형을 커버하는 머리형

sasson cut	비달 사순이 발표하는 스타일과 커트 기법의 총칭. 그는 매년 뉴 패턴을 발표하는데, 기하학적인 커트, 계산된 커트가 특징이다.
dutch cut	머리 둘레를 귓밥 길이로 균등하게 또 뱅을 가로로 곧바르게 커트한 스타일
directional cut	표준형의 롱 헤어
dimention cut	디자인 커트의 일종
hair combing	두발을 빗기는 기술
ducktail style cut	오리 꼬리 스타일. 머리칼을 뒤로 당겨서 양쪽 사이드에 웨이브를 나오게 해서 좌우가 서로 껴안는 것처럼 꾸민다.
flair bang	앞머리를 상당히 과장하여 시술한 것
fluff bang	부드럽게 볼륨을 가진 뱅. 사이드의 머리 끝을 뒤로 흘리게 하고 전체적으로 매끄럽게 흐르는 스타일.
fringe	얼굴선 부분의 모발 사이가 듬성듬성 비어있는 상태로 내려진 커트. bang과 같은 뜻으로도 쓰인다.

flip	튕기는 것, 머리칼이 바깥쪽으로 가볍게 튕겨져 나가 말린 스타일
petitetete	적은 머리라는 뜻, 적게 꾸며져 마무리된 머리형
high bang	높이 다듬어 올린 뱅
gish	볼에 흘러 떨어지는 모발, 애교머리. 릴리안 깃쉬라는 여배우의 이름에서 유래됨
feather	깃털과 같은 감각으로 끝마무리한 헤어스타일
hair setting	모발을 정리하는 방법, 끝마무리
hair dressing	여러 가지 머리형이나 스타일로 머리를 정발하는 기술
hair mode	헤어 스타일의 유행
hair piece	헤어 스타일을 만들기 위한 붙이는 머리

guide	가이드는 '안내하다'라는 뜻. 즉, 커트 시 기준이 되는 모발.
guide line	헤어 커트 시 기준의 되는 모발 , 제일 처음에 커트하는 모발을 말한다. 즉 최초로 커트한 모발이 모든 모발의 가이드가 되며 대개 헴 라인의 것을 말한다.
guide section	기본, 기존 헤어 커트 시에 제일 처음에 커트하는 섹션으로 다음 섹션부터는 이 섹션이 기준이 된다.
guide zone	guide section과 같은 뜻으로 쓰인다.
natural dry	모발이 자연스럽게 보이도록 건조시키는 것
natural shape	자연스런 모발 흐름에 맞추어서 빗기는 것
natural cut	자연 상태대로 커트
neck	목, 옷깃
normal taper	테이퍼 커트

down diagonal part	모발을 가르는 방법의 하나로, 사이드 파트의 가름선이 뒤쪽으로 향함에 따라서 내려가는 것 같은 가름을 말한다.
down shape	보브 스타일과 같이 머리 흐름을 곧바로 아래도 향해 빗기는 것
down base	사이드 베이스(side base)항 참조. 왼쪽이 점점 길게 된다.
day air dryer	건조 공기의 선회 순환을 이용하여 건조시키는 드라이어
distal	중심 또는 중앙선에서 가장 떨어져 있는
design comb	긴 머리 스타일의 유행과 함께 생겨났으며, 특히 끝마무리 할 때 콤의 형을 사용해서 모발에 독특한 형을 표현시키기 위해 쓰인다.
deep taper	딥 테이퍼 커트
round brosse	스포츠형 머리
round side part	사이드에서 가르는 선이 곡선인 경우

right back	오른쪽 뒤, 오른쪽 후두부
light side	heavy side의 반대로 가벼운 쪽, 즉 머리 양이 적은 쪽
lateral	옆의, 측면의, 측면에 있는
rat	모발 끝의 숱을 쳐내는 것
lamp dryer	큰 전등을 사용해서 그 열로 건조시키도록 한 드라이어
rat-tail comb	쥐꼬리와 비슷한 손잡이가 붙어있는 빗으로 약칭해서 tail comb 또는 ring comb이라 한다.
rough cut	거칠게 깎는 것, 파마 시술 전 또는 스타일을 만들기 전에 미리 대충 커트하는 것을 말한다.
razor cut	면도칼을 이용하여 커트하는 것, 이때 반드시 모발을 적셔서 커팅
short layer	전체적으로 모발의 길이가 같은 레이어 커트

mini scissors	손 안에 꼭 쥐여지는 몸체가 작은 가위로 조작하기는 쉬우나, 한 번에 다량의 머리카락을 자를 수 없다. 그러나 섬세하게 커트할 수 있기 때문에 정확한 커트가 가능하다. 예리한 커트 라인을 요구하는 스타일에 좋으며 블로우 드라이 후 끝마무리 할 때 쓰인다.
middle layer	세로로 잡아낸 모발을 두피에 대해서 90도보다 큰 각도로 잡아 올려서 커트한다. 윗부분에 볼륨이 나온다.
back diagonal part	크라운에서 후두부를 비스듬히 나누는 것을 말한다.
back side	두부의 뒤쪽을 가리킨다. 즉 두부 또는 두발형의 뒤쪽 부분을 말한다. 일반적으로는 후두부, 목덜미라고도 하는 부분
backward reverse	얼굴에서 떨어져서 뒤로 흐르는 방향
vertical slice	세로 방향의 슬라이스, slice line 항 참조
bending point	머리카락이 구부러지는 지점(절곡선), 머리칼을 구부릴 때 그 무게가 영향을 미치게 하는 최소한의 길이를 말한다.

broom stick	모든 레이어 커트로 머리칼의 길이를 같게 해서 동일 선상에서 가지런히 하는 것
side	측두부, 두부의 옆
circle cross cutting	헤어 커트의 한 방법, 가칭 "원형십자 커트"라고도 한다.
circle part	분발 위를 원형으로 하여 나누는 방법. 라운드 파트(round part)라고도 한다.
setless cut	세트가 필요 없는, 손쉽게 스타일링 할 수 있는 디자인
center back part	모발을 정중앙에서 목선까지 나누는 방법의 하나
center part	모발을 이마의 한 가운데에 가르는 것
snippy cut	두발을 자르는 방법의 하나로 짧게 자르는 것을 말한다. 'snippy'는 단편이란 뜻으로 blunt cut와 같은 뜻
sculptured razor	조각적인 헤어 커트용으로 만든 레이저(면도날)

square part	각으로 나누는것 / 두상에 파트를 직각으로 나누는 방법 중 하나
stand dryer	스탠드 방식 드라이어
step cut	쇼트의 단차 커트
strand	모발 한 다발의 머리칼, 요소, 성분
straight part line	곧바르게 나누는 선
scissors	가위
thinning scissors	'thinning'은 양을 줄이다라는 뜻으로 이 신닝 기법에 사용되는 가위
singeing cut	불필요한 머리카락을 불꽃으로 태워 제거하는 것
out lined corner	2개의 선이 교차되는 가장 긴 부분

out line	머리칼의 바깥쪽의 둘레를 이루는 라인, silhouette의 형을 만들어 주는 라인
round	면도날의 헤드(머리)가 유선형으로 되어 있어, 다른 것에 비하여 아주 쓰기 편함.
up diagonal part	기본이 되어 머리를 가르는 법의 하나로, 사이드 파트의 가름선이 뒤쪽에서 위로 올라간다.
up base	사이드 베이스의 일종, 머리칼의 아래쪽이 점점 길게 되도록 베이스를 잡는 법. side base 항 참조
effilate	가위가 미끄러지면서 모발을 자르는 것. 또는 그 기법을 말한다.
efile	모발을 땋을 때 모발 끝을 가늘게 또는 엷게 한다는 뜻
end taper	모발 끝의 1/3 부분을 가늘게 쳐내는 커트 스타일
original cut	헤어 살롱만의 독창적인 커트법, 커트 스타일
oval cut	타원형으로 올리는 시술하는 머리형. 각진 둥근 단발머리라고도 한다

off base	기저 이외에 접점을 놓는다. 스타일에 따라 길이에 따라 장단이 있는 경우, 베이스 연장선상 내에 접점이 들어가지 않는다.
only cut	커트만으로 스타일을 만든다.
all scissors	전부 가위로 자르는 커트
wet cutting	면도날 커트 등을 행할 때 두발을 적셔서 하는 커팅
ear line	턱에서 귀를 지나는 연장선, 이어 투 이어(ear to ear) 항 참조
equal cut	같은 길이로 모발을 잘라 간추리는 것
inlayered cut	그레듀에이션 커트를 인레이어드 커트라고 부른다.
inside line	실루엣의 안쪽에 있는 머리칼의 라인. 헤어 스타일의 무게, volume(양감), movement(움직임), 방향에 미묘하게 영향을 미치게 된다.
inside corner	2개의 선이 교차되는 가장 짧은 부분

indentation line	분리선 세팅할 때, no part(가르지 않는)의 상태로 forward(앞으로) 또는 reverse(뒤로) 컬로 만들 때, 두부의 좌우를 분명히 하기 위해서 구분한다.
indentation point	모발을 7:3 또는 4:6으로 갈라 나누었을 때, 그 가름선과는 별도로 모발이 많은 쪽에 만드는 선을 말한다.
zigzag cut	잡아낸 모발의 머리끝에서 가위를 비스듬히 넣어서 지그재그로 커트하는 것
cowlick part	이마 위에 소가 핥은 듯이 일어선 머리카락. 가르마를 중심으로 하여 머리 흐름에 따라 사방으로 가르는 분발 방법
cascade cut	작은 폭포와 같은 느낌을 나타낸 머리형
custom cut	습관, 주문, 준비 작업을 한다 라는 뜻.
cut angle	가위 앵글 각도, 잡아낸 모발에 대해서 가위가 들어가는 각도를 말한다.
cut end	절단면
cut	자르다, 절단하다

cutting edge	가위의 자르는 날
cutting comb	커트할 때 사용하는 빗
cutting clothes	커트할 때 두르는 천. 커트된 머리칼이 의류 등에 묻지 않도록 어깨에서부터 덮어주는 천
cutting scissors	커트용 가위
corner	각 또는 구석이란 뜻. 커트하기 위해 잡아낸 다발이나 섹션의 각을 말한다.
comb work	빗만 사용하여 커트하는 것
crown line	두부의 선
crown to ear parting	크라운의 사이드 파트 부분에서 귀쪽으로 나누는 방법
crown	모든 물체의 최정상부, 관두부, 왕관의 주위 부분

crepage	머리칼을 곱슬곱슬하게 하다.
cross check cut	커트를 끝낸 다음 체크 커트를 할 대 지금까지의 slice 선과 교차되도록 모발을 잡아내어 길이를 체크한다.
tapering	머리숱을 쳐내는 것. feathering이라고도 한다.
trim	깎아 들어가서 깨끗이 한다.
teasing	뒤로 빗어 넘기는 것. back combing이라고도 한다.
panel	장방형으로 모발을 나눈 것. 커트데서 모발을 슬라이스하여 손에 잡은 도발이 판 상태로 되어 있다고 하여 '판넬'이라고 한다.
fine hair scissors	숱을 쳐내는 가위
part	머리칼을 나누는 것. side part: 7:3의 비율, center part: 중앙에서 가름, no part: 가름선이 없는 스타일
parting double cut	앞머리를 갈라서 만든 헤어스타일

parting	나누거나 가르는 기법, 분발
pattern cutting	부인의 헤어스타일에 쓰이는 기법으로 하나의 형을 만든 종이에 따라서 스타일을 만드는 방법
french thinning	프랑스식의 신닝 커트. 면도날을 써서 머리카락을 줄이는 커트
french lacing	뒤로 빗기는 것
frontal	전두부, 앞머리, 정면, 전부
high long layer	긴 머리카락과 짧은 머리카락의 단차가 크고 볼륨감이 거의 없어져 버리는 커트
hand clipper	전동 이발기로 손가락의 굴곡과 스프링의 탄력에 의해서 머리카락을 깎아주는 구조로 된 이발기
head line	머리(두부), 목의 윗부분, 정상, 면도날의 뒤쪽의 선단
hair density	두피상의 면적당 머리숱. density는 조밀도, 농도, 밀도, 비중 등의 뜻

hair dryer	모발 건조기
hair line	조발선, 헴 라인(머리칼이 나기 시작한 선), 잔무늬의 모양
hair bulb	머리칼의 최하부
hair cutting	머리칼을 짧게 또는 어울리게 끝마무리하는 것. 정발
hair trim	머리칼을 깎아 가지런히 정돈하는 것. 이미 정돈된 머리칼을 가볍게 깎아 가지런히 하는 것
hem line	커트 용어로는 프론트, 사이드 네이프 부분의 머리카락이 나기 시작한 라인
horizontal slice	수평 슬라이스
hair bobbing	여성이나 어린이의 조발에서 쓰였던 용어

Cutting scissors
커트가위

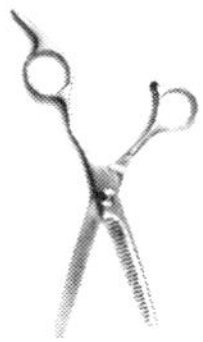
Thinning scissors
틴닝가위

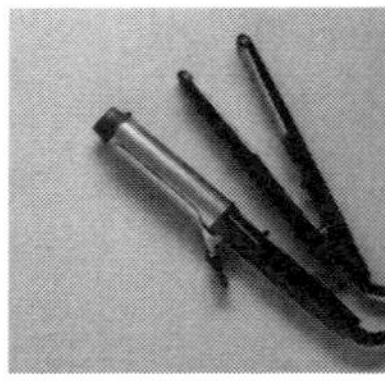
Iron
아이론

Rod
롯드

Comb
빗

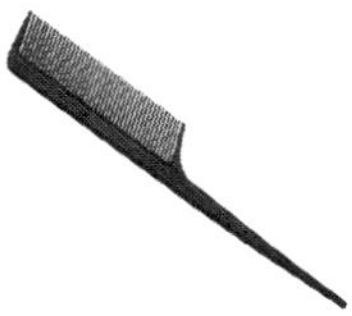
Tail comb
꼬리빗

Brush
브러시

Disposable hair cap
일회용캡

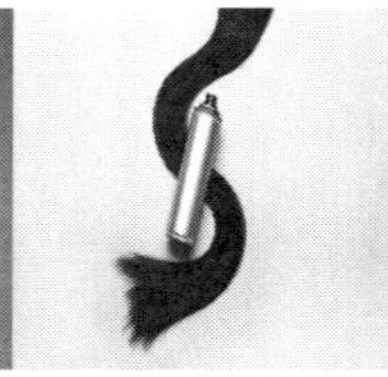
Hair spray
헤어스프레이

Hair steamer
헤어스티머

Clipper
클리퍼

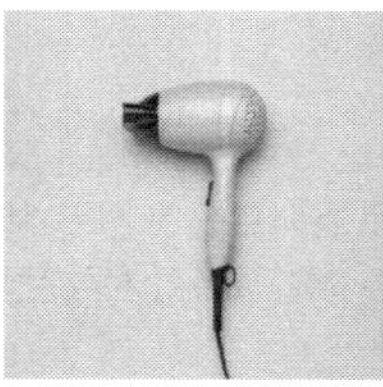
Dryer
드라이기

oxidizer
산화제

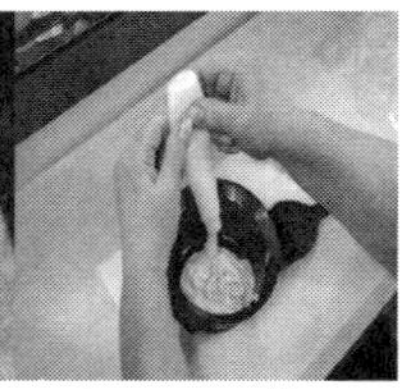
air-neutralizer
중화제

2 Tools for MakeUp | 메이크업 용어

1 Beauty make-up 뷰티 메이크업

일상생활에서 흔히 사용하는 일반메이크업 및 신부 메이크업이다.

2 Character make-up 캐릭터 메이크업

TV나 영화 등에서 표현하고자 하는 인물의 성격을 부각시키기 위해 사용하는 메이크업이다.

3 Stage make-up 무대 메이크업

연극, 오페라, 뮤지컬 등 무대에서 이루어지는 공연에서 사용하는 메이크업으로 무대의 크기 및 조명 등을 고려하여 다소 과장된 형태의 메이크업이다.

4 Special effect make-up 특수분장

영화나 연극 등에서 특수한 효과를 내기 위한 메이크업으로 메이크업 재료 외에도 다양한 재료나 오브제를 사용하는 메이크업이다.

5 Basic make-up 메이크업 기초

oval face	계란형 얼굴
square face	각진형 얼굴
inverted triangle face	역삼각형 얼굴
round face	둥근형 얼굴
sponge	메이크업 베이스나 파운데이션을 바를 때 사용하는 도구
puff	파우더를 바를 때 사용하며 면, 벨벳, 합성섬유 등의 재질을 사용한다.
foundation brush	브러시 중 가장 큰 것으로 둥근 형태를 띠며 파우더를 소량 바를 때 사용한다.
pan brush	부채꼴 모양의 브러시로 파우더의 남은 여분을 털어낼 때 사용한다.
make-up base	메이크업 베이스

6 Foundation 파운데이션

mousse foundation	커품 타입으로 흡수력과 퍼짐성이 좋으나 커버력이 약하여 깨끗한 피부에 사용한다.
liquid foundation	수분 함유량이 많아 사용감이 촉촉하고 가벼워 자연스런 피부 표현에 좋으나 커버력이 약하다.
cream foundation	적당한 유분 함유로 커버력이 있어 잡티가 있는 피부에 적합하다.
stick foundation	커버력이 강하고 지속력이 우수하여 일반인의 사용보다는 방송 및 영화 촬영, 쇼 메이크업 등의 전문가용으로 사용한다.
air brush type foundation	바디페인팅용 에어 브러시의 변형 형태로 입자가 고운 파운데이션을 분사하여 도포한다. 모공을 효과적으로 커버하고 빠른 시간 안에 메이크업 할 수 있다.
powder foundation	중간 정도 커버력의 파우더 타입으로 가볍고 사용이 편리하다.

7 Concealer 컨실러

liquid concealer	주로 하이라이트 대용으로 사용되며 커버력은 떨어진다.
cream concealer	퍼짐성이 좋고 그라데이션이 용이하여 넓은 부분에 사용한다.
stick concealer	커버력이 우수하여 좁은 부위에 사용한다.
pencil concealer	결점 부위가 작을 때 사용하고 커버력은 우수하나 그라데이션이 어렵다. 브러시 없이 사용하기 간편하다.

8 Powder 파우더

loose power	분말형으로 투명감 있는 피부를 표현하기 좋다.
compact power	분말형의 파우더를 용기에 담아 압축한 것으로 커버력이 있고 휴대하여 사용하기 좋다.
transparent power	파운데이션 색상을 그대로 표현한다.
finish power	펄이 들어간 파우더로 메이크업의 마무리 단계에서 하이라이트용으로 사용한다.

9 Make-up point 메이크업 포인트

highlight	얼굴에 입체감을 주기 위해서 광대뼈 윗부분, 눈 밑부분, T존 부분 등 돌출된 부분을 더욱 밝게 표현해 주기 위해서 사용한다.
shading	얼굴의 들어간 부분, 계란형 얼굴을 그려보았을 때 남는 부분을 좀 더 어둡게 표현하여 얼굴형을 수정하고, 입체감을 주기 위해서 사용한다.
eyebrow	눈썹
eyeshadow	아이섀도
eyeshadow brush	아이섀도 브러시
eyeliner brush	아이라이너 브러시
eyelash curlers	직모의 눈썹을 곡선으로 올려주기 위해 사용한다.
cotton swab	면봉, 아이섀도나 아이라인 등의 수정 시 사용한다.
gradation	그라데이션
eyehole	아이홀

10 Eyeliner 아이라이너

pencil eyeliner	사용하기 쉽고 자연스러운 표현이 가능하지만 지속력이 약하다.
liquid eyeliner	지속력이 강하지만 수정이 쉽지 않다.
gel eyeliner	지속력이 뛰어나지만 잘 굳어 사용 후 잘 닫아야 한다.

11 Mascara 마스카라

false eyelashes	인조눈썹
curling mascara	컬링 마스카라
volume mascara	볼륨 마스카라
longlash mascara	롱래쉬 마스카라

color mascara	컬러 마스카라
waterproof mascara	워터프루프 마스카라
base mascara	베이스 마스카라

12 Lip make-up 립 메이크업

lip	립
lip brush	립 브러시
lip stick	립스틱
lip gloss	립글로스

lip palettes	크림 타입 립 파레트
lip liner pencil	립라이너 펜슬
lip tint	립 틴트

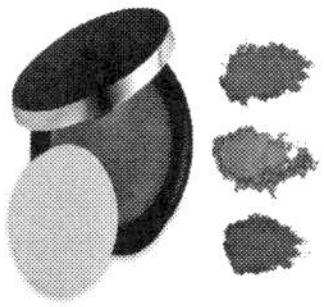
Foundation
파운데이션

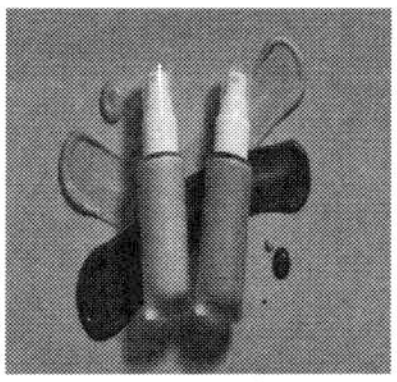
Concealer
컨실러

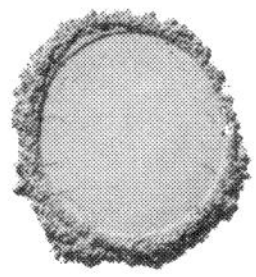
Powder
파우더

Lip stick
립스틱

Lip balm
립밤

Lip gloss
립글로스

Eyeshadow
아이섀도우

Eyeliner
아이라이너

Eyebrow pencil
아이브로우 펜슬

Mascara
마스카라

Lip&Eye remover
립앤아이리무버

Sponge
스펀지

Makeup brush
메이크업 브러시

3 Tools for Skin | 피부 용어

Sponge	스펀지
Spatula	스파츌라
Pack bowl	팩 볼
Brush	브러시
Wood lamp	우드램프
UV Sterilizer	우드램프
Heating cabinet	온장고

4 Tools for Nail | 네일 용어

Cuticle pusher	푸셔
Orange wood stick	우드스틱
Emery board	에머리보드
Clipper	클리퍼
Cuticle nipper	큐티클 니퍼
Nail brush	네일 브러시
Buffer	버퍼
Antiseptic	소독제
Gel glue	젤 글루
Polish remover	폴리시 리무버

Cuticle oil	큐티클 오일
Nail lacquer	네일 컬러
Nail tip	네일 팁
Acrylic powder	아크릴파우더
Nail dryer	네일 드라이어
Nail drill	네일 드릴

(해당 이미지 사진을 붙여보세요)

Ⅱ

서비스 매뉴얼
Service Manual

1 Definition of Service | 서비스란?

- Service is about conveying feelings to customers.
  고객에게 느낌(감정)을 전달하는 것이다.
- It requires a sense of sacrifice.
  희생정신을 가지고 있어야 한다.

2 Service Mind | 서비스 마인드

- When the mind changes, the attitude changes.
  마음이 바뀌면 태도가 바뀐다.
- When the attitude changes, the habit changes.
  태도가 바뀌면 습관이 바뀐다.
- When the habit changes, the character changes.
  습관이 바뀌면 인격이 바뀐다.
- When the character changes, the life changes.
  인격이 바뀌면 인생이 바뀐다.

3 To Provide Good Service | 서비스를 잘 하려면

- **You need to understand customer psychology.**
  고객의 심리를 잘 알아야 한다.
- **Customers are always right.**
  고객은 항상 옳다.
- **Customers have unlimited choices.**
  고객은 무한 선택이 가능하다.
- **Customers make me happy.**
  고객은 나를 행복하게 한다.

III

예약
Reservation

1 Reservation | 예약

매니저 : 안녕하세요 릴리살롱입니다. 무엇을 도와드릴까요?

고객 : 여보세요? 이번주 목요일에 파마 예약하고 싶습니다.

매니저 : 네, 가능합니다. 원하는 스타일리스트 있으신가요?

고객 : 아니요. 없습니다. 선생님 추천해주실 수 있나요?

매니저 : 줄리아 스타일리스트 추천합니다. 파마와 커트를 잘하는 스타일리스트입니다.

고객 : 감사합니다. 그럼 줄리아 스타일리스트로 목요일 오후 시간대 예약해주세요.

매니저 : 오후 2시는 어떠신가요?

고객 : 좋아요. 그럼 오후 2시까지 가겠습니다.

매니저 : 고객님 성함이 어떻게 되시나요?

고객 : 김안나입니다.

매니저 : 네, 김안나 고객님 이번주 목요일 오후 2시 파마 예약 맞으시죠?

고객 : 네, 맞습니다.

매니저 : 네, 그럼 목요일에 뵙겠습니다. 좋은 하루 보내세요.

고객 : 네, 감사합니다.

Manager : Hello, this is Lily Salon. How may I help you?

Customer : Hi, I'd like to book a perm appointment for this Thursday.

Manager : Yes, that's possible. Do you have a specific stylist in mind?

Customer : No, I don't. Can you recommend a stylist?

Manager : I recommend Julia, she's really good at perms and cuts.

Customer : Thank you. Then, I'd like to book an appointment with Julia on Thursday afternoon.

Manager : How about 2 pm?

Customer : That works for me. I'll be there at 2 pm.

Manager : By the way what is your name?

Customer: I'm Anna Kim.

Manager : Great. So, you're booked for a perm appointment with Julia at 2 pm on Thursday, right?

Customer : Yes, that's correct.

Manager : Perfect. We'll see you on Thursday. Have a great day!

Customer: Thank you.

고객 접객 용어	포인트
[ ]	메모지, 펜 준비 밝은 목소리 연출 멘트의 의무화 & 통일성
(해당 이미지 사진을 붙여보세요)	MEMO

실무 단어

(해당 이미지 사진을 붙여보세요)

(해당 이미지 사진을 붙여보세요)

(해당 이미지 사진을 붙여보세요)

IV

첫 방문
First Visit

1 First visit | 첫 방문

매니저 : 어서오세요. 성함이 어떻게 되시나요?

고객 : 안나입니다.

매니저 : 안나 고객님. 2시 예약 맞으시죠?

고객 : 네, 맞습니다.

매니저 : 외투와 가방 주시면 제가 보관해드리겠습니다.

고객 : 네, 감사합니다.

매니저 : 여기서 잠시만 기다려주시겠어요? 담당 스타일리스트가 이전 고객님 마무리 중입니다. 커피나 차 한잔 드릴까요?

고객 : 네, 커피 주세요.

매니저 : 여기 있습니다. 옆에 잡지도 있으니 보면서 편하게 대기해주세요.

고객 : 네, 감사합니다.

Manager : Welcome. What's your name?

Customer : Anna.

Manager : Anna, you have a 2 pm appointment, right?

Customer : Yes, that's correct.

Manager : Can I take your coat and bag for you?

Customer : Yes, thank you.

Manager : Would you mind waiting here for a moment? Your stylist is finishing up with her previous client. Would you like a cup of coffee or tea?

Customer : Yes, please, I'd like a coffee.

Manager : Here you go. There are some magazines over there if you'd like to read while you wait.

Customer : Thank you.

고객 접객 용어	포인트
[ ]	전화받는 직원 복명 복창 숫자, 고유명사, 경어 사용법
(해당 이미지 사진을 붙여보세요)	MEMO

실무 단어

(해당 이미지 사진을 붙여보세요)

(해당 이미지 사진을 붙여보세요)

(해당 이미지 사진을 붙여보세요)

V

고객 응대/상담하기
Interacting/Consulting With Customers Consulting

1 Hair | 헤어

1. 모발 관리 상담

미용사 : 안녕하세요, 고객님. 헤어스타일 시술 전 모발 상태 먼저 보겠습니다.

고객 : 네, 좋아요.

미용사 : 고객님 모발과 두피가 좀 건조한 편입니다. 머리끝이 많이 갈라졌습니다. 언제 마지막으로 파마나 염색하셨어요?

고객 : 3달 전 정도에 파마했습니다. 모발 관리를 받아야 할까요?

미용사 : 파마하신 이후에는 손상모 전용 제품으로 관리해주시면 좋습니다. 일단 파마는 가능하실 것 같습니다. 갈라진 부분을 잘라낸 후에 영양제를 도포하고 파마 시술해야 할 것 같습니다. 괜찮으세요?

고객 : 네, 좋습니다.

미용사 : 그럼 위에 말씀드린대로 진행하겠습니다. 시술시간은 3시간 정도 소요되실 것 같습니다.

고객 : 네, 감사합니다.

1. Hair Care Consultation

Hairdresser : Hello, customer. Let me take a look at your hair condition before the treatment.

Customer : Yes, please.

Hairdresser : Your hair and scalp are a bit dry, and the ends are split a lot. When was the last time you got a perm or dyed your hair?

Customer : I got a perm about three months ago. Do I need to get a hair care treatment?

Hairdresser : After getting a perm, it's recommended to use products specifically designed for damaged hair. I think you can get a perm. I think we need to cut off the split ends, apply a nourishing agent, and then get a perm. Is that okay?

Customer : Yes, that's fine.

Hairdresser : Then, I'll proceed as I mentioned above. The treatment will take about three hours.

Customer : Yes, thank you.

2. 커트&스타일링 상담

[상담1]

미용사 : 안녕하세요. 고객님 오늘 커트 예약하셨죠?

고객 : 네 맞아요. 안녕하세요.

미용사 : 고객님 생각해두신 커트 스타일 있으신가요?

고객 : 손상된 머리 잘라내고 싶어요. 아침마다 출근하느라 시간이 많이 없어서 관리하기 쉬운 스타일로 커트해주세요.

미용사 : 고객님 이 스타일은 어떠신가요? 고객님 머리는 지금 미디움 기장에 손상모를 잘라내면 파마남은 부분이 사라져서 관리하기가 더 어려우실 것 같습니다. 기장감은 조금 더 짧게 자르고 숱을 많이 쳐서 아침에 드라이하기 쉽도록 할게요. 어떠신가요?

고객 : 좋아요. 그런데 제가 광대뼈가 나와서 앞머리를 자르는게 나을까요?

미용사 : 고객님 앞머리가 있으시면 아침마다 관리하기가 조금 어려우실 수 있는데 괜찮으실까요? 아니면 광대를 살짝 가릴 수 있도록 옆에 볼륨감을 주는 스타일로 커트할게요. 어떠세요?

고객 : 괜찮은 것 같아요. 그렇게 해주세요.

미용사 : 네 알겠습니다. 예쁘게 커트해드릴게요.

[상담2]

미용사 : 안녕하세요. 고객님 오늘 파마 예약하셨죠?

고객 : 네, 맞아요. 안녕하세요.

미용사 : 고객님 생각해두신 파마 스타일 있으신가요?

고객 : 굵은 웨이브 스타일의 파마를 하고 싶습니다.

미용사 : 고객님 머리 길이가 롱기장이라 굵은 웨이브 파마 가능하실 것 같습니다. 세팅펌으로 진행하시면 오래가고 손상도 적습니다. 세팅펌 어떠신가요?

고객 : 좋아요. 근데 제가 모발이 두꺼워서 파마가 잘 안나오는 편입니다.

미용사 : 고객님 그럼 중화를 조금 더 길게 하고 펌 롯드를 조금 작은 것으로 시술 들어가도록 하겠습니다.

고객 : 네 그렇게 해주세요. 얼마나 걸리나요?

미용사 : 3시간정도 소요되십니다.

고객 : 네, 알겠습니다.

2. Haircut & Styling Consultation

[Consultation 1]

Hairdresser : Hello, you have an appointment for a haircut today, right?

Customer : Yes, that's right. Hi.

Hairdresser : Do you have a specific haircut style in mind?

Customer : I want to cut off the damaged hair. I don't have much time in the morning to go to work, so please cut it in a style that is easy to manage.

Hairdresser : How about this style? Your hair is medium-length, and if you cut off the damaged hair, the remaining perm will disappear, making it more difficult to manage. I'll cut the length a little shorter and thin it out a lot so it's easier to dry in the morning. How about that?

Customer : That sounds good. But should I cut bangs because my cheekbones are showing?

Hairdresser : If you have bangs, it may be a bit difficult to manage in the morning, but is that okay? Or I'll cut it in a style that gives a little volume on the side to cover the cheekbones. How about that?

Customer : That sounds great.

Hairdresser : Okay, I got it. I'll cut it pretty for you.

[Consultation 2]

Hairdresser : Hello, you have an appointment for a perm today, right?

Customer : Yes, that's right. Hi.

Hairdresser : Do you have a specific perm style in mind?

Customer : I want to get a perm with thick waves.

Hairdresser : You have long hair, so you can get a perm with thick waves. If you do a setting perm, it lasts longer and causes less damage. How about a setting perm?

Customer : That sounds good. But my hair is thick, so my perm doesn't come out well.

Hairdresser : Then, I'll make the neutralization a little onger and use a smaller perm rod for the treatment.

Customer : Okay, cool. How long does it take?

Hairdresser : It takes about three hours.

Customer : Okay, I got it.

고객 접객 용어	포인트
[ ]	
(해당 이미지 사진을 붙여보세요)	MEMO

실무 단어

(해당 이미지 사진을 붙여보세요)

(해당 이미지 사진을 붙여보세요)

(해당 이미지 사진을 붙여보세요)

2 Makeup | 메이크업

1. 뷰티메이크업 상담

메이크업아티스트 : 어서 오십시오. 3시 예약하신 민지님 맞으시죠?

고객 : 안녕하세요. 맞아요.

메이크업아티스트 : 뷰티메이크업과 기본헤어 예약하셨죠?

고객 : 네, 맞아요. 증명사진 찍으려고 합니다.

메이크업아티스트 : 증명사진 메이크업은 보통 사진촬영용 메이크업으로 많이 합니다. 브라운 계열의 자연스러운 아이섀도에 눈매를 또렷하게 아이라인과 속눈썹으로 표현하고 입술색도 자연스러운 코랄색으로 많이 합니다. 고객님들이 증명사진은 오래보는 사진이다 보니 유행을 타지 않는 메이크업을 선호합니다. 어떠신가요?

고객 : 좋아요. 근데 제가 눈매가 올라가서 눈매를 안올라가게 메이크업 해주실 수 있나요?

메이크업아티스트 : 가능합니다. 아이섀도 음영으로 눈매를 내려서 표현하겠습니다.

고객 : 감사합니다. 비용은 얼마인가요?

메이크업아티스트 : 포토메이크업은 헤어메이크업 포함 10만 원입니다. 총 1시간 30분 소요되십니다.

고객 : 네. 감사합니다.

1. Beauty Make up Consultation

Makeup Artist : Welcome. You must be Minji, who reserved at 3:00 PM?

Customer : Hi. Yes, that's me.

Makeup Artist : You reserved for a beauty makeup and basic hair appointment, right?

Customer : Yes, that's correct. I'm going to take a certification photo.

Makeup Artist : A certification photo makeup is usually a makeup for photography. Natural brown-colored eyeshadow, clear eyeliner and eyelashes to express the eyes, and natural coral lip color are often used. Customers prefer makeup that doesn't go out of style because certification photos are long-lasting photos. How about it?

Customer : That sounds good. But can you make my eyes look less sharp? Because my eyes are sharp.

Makeup Artist : Yes, we can. We will lower the eyes with eye shadow shading.

Customer : Thank you. How much does it cost?

Makeup Artist : The photo makeup is 100,000 won, including hair and makeup, and takes a total of 1 hour and 30 minutes.

Customer : Yes. Thank you.

2. 웨딩메이크업 상담

메이크업아티스트 : 안녕하세요. 오늘 8시 예약하신 지안님 맞으시죠?

고객 : 안녕하세요. 맞아요.

메이크업아티스트 : 고객님 먼저 팩 올려드릴게요. 팩 하시면서 메이크업 상담 도와드릴게요.

고객 : 네, 감사합니다.

메이크업아티스트 : 고객님 오늘 본식메이크업 받으시는걸로 예약되어 있는데 맞나요?

고객 : 네, 맞아요.

메이크업아티스트 : 고객님 혹시 하고 싶은 메이크업 스타일 있으신가요?

고객 : 얼굴이 작아보이는 메이크업 받고 싶어요.

메이크업아티스트 : 얼굴 작아보이는 메이크업으로 참고해서 메이크업해드리겠습니다. 고객님 얼굴형이 턱이 있는 네모난 얼굴형입니다. 턱 부분에 음영을 넣어 최대한 보완하는 형태로 메이크업하겠습니다.

고객 : 네, 감사합니다. 저희 부모님도 곧 오십니다, 혼주 메이크업도 예쁘게 해주세요.

메이크업아티스트 : 네, 고객님. 혼주메이크업은 어머님들 주름과 잡티를 최대한 커버해서 예쁘게 해드릴게요.

고객 : 감사합니다. 비용은 얼마인가요?

메이크업아티스트 : 고객님 저번에 내신 예약금 제외하고 혼주 메이크업 포함 30만 원입니다.

고객 : 네, 감사합니다. 잘 부탁드립니다.

2. Wedding Make up Consultation

Makeup Artist : Hello. You must be Jian, who reserved at 8:00 PM today?

Customer : Hi, that's right.

Makeup Artist : I'll put a pack on you first. I'll help you with your makeup consultation while you're on the pack.

Customer : Yes, thank you.

Makeup Artist : You are booked for a wedding makeup today, right?

Customer : Yes, that's right.

Makeup Artist : Do you have any makeup styles you'd like to try?

Customer : I want to get a makeup that makes my face look smaller.

Makeup Artist : I'll make sure to refer to the makeup that makes your face look smaller. Your face shape is a square face with a chin. I'll apply shading to the chin area to make up for it as much as possible.

Customer : Yes, thank you. My parents will be here soon, so please make the makeup for the host beautiful.

Makeup Artist : Yes, ma'am. We'll cover your mother's wrinkles and blemishes as much as possible to make her look beautiful.

Customer : Thank you. How much does it cost?

Makeup Artist : Excluding the deposit you made last time, it's 300,000 won, including makeup for the host.

Customer : Yes, thank you.

고객 접객 용어	포인트
(해당 이미지 사진을 붙여보세요)	MEMO

실무 단어

(해당 이미지 사진을 붙여보세요)

(해당 이미지 사진을 붙여보세요)

(해당 이미지 사진을 붙여보세요)

3 Skin | 피부

1. 기본 피부관리 상담

피부관리사 : 안녕하세요. 2시 예약하신 은영 고객님 맞으시죠?

고객 : 네, 맞아요.

피부관리사 : 신발은 신발장에 넣어주시고 들어오시면 됩니다.

고객 : 네.

피부관리사 : 먼저 오늘 관리받으실 프로그램 선택하시고 옷 갈아 입으실게요.

고객 : 네, 알겠습니다.

피부관리사 : 고객님 오늘 피부 관리 예약하셨습니다. 어떤 피부 관리받고 싶으신가요?

고객 : 여드름이 많은 지성피부입니다. 여드름 관리받고 싶습니다.

피부관리사 : 네, 알겠습니다. 고객님 피부에 유분이 많습니다. 유분과 수분의 균형을 맞춰주는 관리와 여드름 관리 같이 들어가겠습니다.

고객 : 네, 감사합니다.

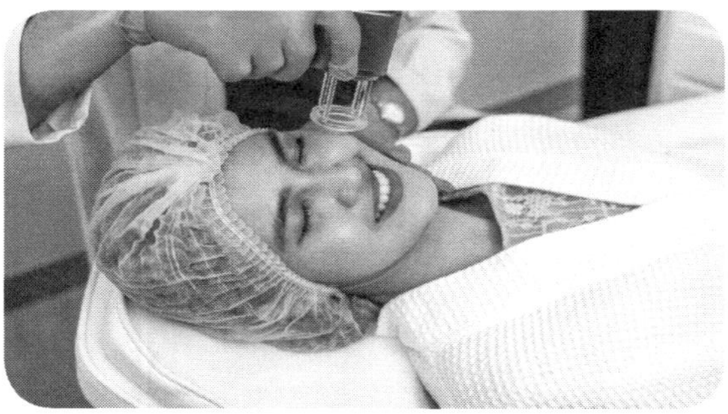

1. Basic Skin Care Consultation

Skin Care Specialist : Hello. You must be Eunyoung, who reserved at 2:00 PM?

Customer : Yes, that's right.

Skin Care Specialist : Please put your shoes in the shoe rack and come in.

Customer : Yes.

Skin Care Specialist : First, choose the program you will receive today and change your clothes.

Customer : Yes, I understand.

Skin Care Specialist : You have reserved for skin care today. What kind of skin care would you like to receive?

Customer : I have oily skin with a lot of acne. I want to get acne care.

Skin Care Specialist : Okay, I see. Your skin has a lot of oil. We will balance the oil and moisture and treat acne at the same time.

Customer : Yes, thank you.

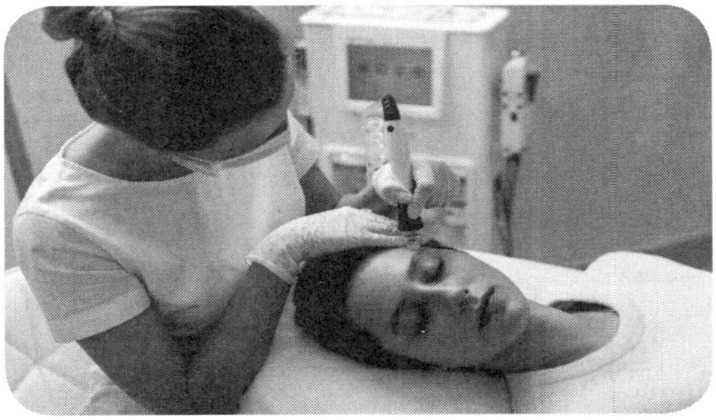

2. 웨딩 관리 상담

피부관리사 : 안녕하세요. 오늘 웨딩 관리 예약하셨습니다.

고객 : 네, 맞습니다. 얼굴을 작아보이는 웨딩 관리 있을까요?

피부관리사 : 네, 있습니다. 림프를 마사지하여 얼굴의 노폐물을 빼주는 프로그램입니다.

고객 : 그 프로그램으로 관리받고 싶습니다.

피부관리사 : 네, 알겠습니다. 추가적으로 등관리를 같이 받으시면 효과가 더 큽니다. 추가해드릴까요?

고객 : 아니요, 괜찮습니다. 다음에 추가하겠습니다.

피부관리사 : 네. 그럼 탈의실에서 옷 갈아입고 나오시면 프로그램 안내 도와드리겠습니다.

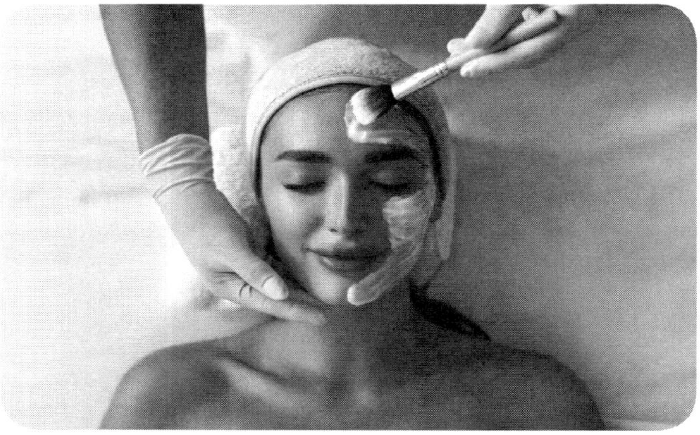

2. Wedding Care Consultation

Skin Care Specialist : Hello. You have reserved for wedding care today.

Customer : Yes, that's correct. Is there any wedding care that makes your face look smaller?

Skin Care Specialist : Yes, there is. It's a program that massages the lymph nodes to remove waste from the face.

Customer : I want to get that program.

Skin Care Specialist : Yes, I understand. Getting a back treatment at the same time will have a greater effect. Would you like to add it?

Customer : No, thank you. I'll add it next time.

Skin Care Specialist : Yes. Then, when you change your clothes in the changing room, I'll guide you through the program.

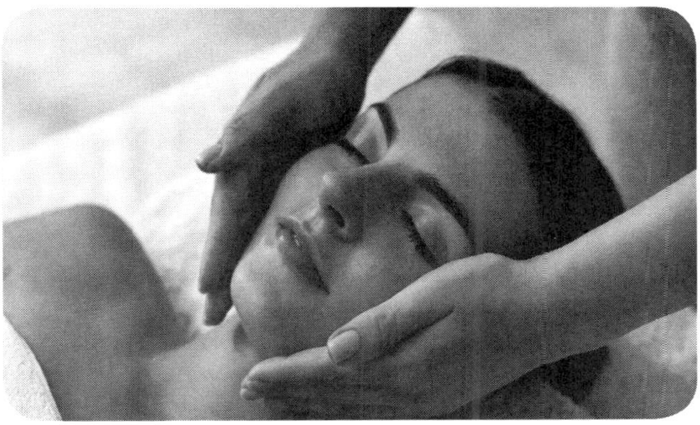

고객 접객 용어	포인트
(해당 이미지 사진을 붙여보세요)	MEMO

실무 단어

(해당 이미지 사진을 붙여보세요)

(해당 이미지 사진을 붙여보세요)

(해당 이미지 사진을 붙여보세요)

4 Nail | 네일

1. 손관리 상담

네일아티스트 : 어서 오십시오. 1시 예약 주희 고객님 맞으시죠?

고객 : 네, 안녕하세요.

네일아티스트 : 이쪽으로 앉으세요. 일단 손 한번 보겠습니다. 고객님 이전에 네일아트 받으신적 있으세요?

고객 : 네. 3달 전에 받았습니다.

네일아티스트 : 네. 지금 손톱 상태는 좋은 편입니다. 생각해두신 네일아트 스타일이 있으신가요?

고객 : 네. 인스타에서 오늘의 아트 보고 왔습니다.

네일아티스트 : 고객님, 여기 오늘의 아트 샘플입니다. 어떤 스타일로 해드릴까요?

고객 : 맨 위에 분홍색 체크패턴 네일아트로 하겠습니다.

네일아티스트 : 네. 시술시간은 한 시간 정도 소요되십니다.

고객 : 감사합니다. 파츠 추가하면 얼마인가요?

네일아티스트 : 파츠에 따라 다릅니다. 5000원부터 20000원까지 있습니다.

고객 : 네, 감사합니다.

1. Hand Care Consultation

Nail Artist : Welcome. You must be Joohee, who reserved at 1:00 PM?

Customer : Yes, hello.

Nail Artist : Please have a seat here. Let me take a look at your hands first. Have you ever had a nail art before?

Customer : Yes, I got it three months ago.

Nail Artist : Yes, your nails are in good condition now. Do you have a specific nail art style in mind?

Customer : Yes, I saw today's art on Instagram.

Nail Artist : Here are the samples of today's art. Which style would you like?

Customer : I'll take the pink check pattern nail art at the top.

Nail Artist : Yes. The treatment will take about an hour.

Customer : Thank you. How much does it cost to add parts?

Nail Artist : It depends on parts. It's from 5,000 won to 20,000 won.

Customer : Yes, thank you.

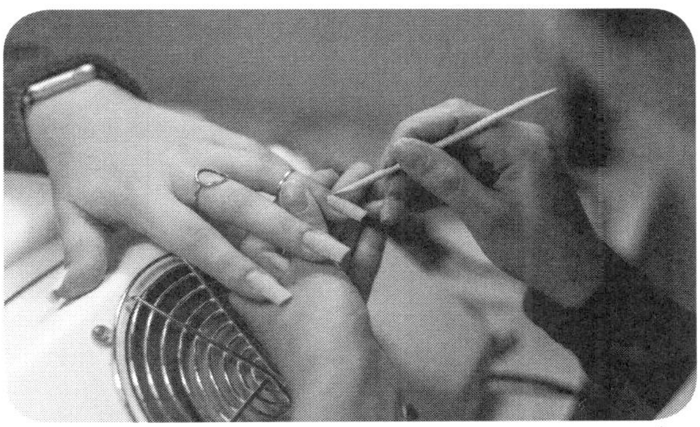

2. 발관리 상담

네일아티스트 : 안녕하세요, 고객님. 3시 예약 은영님 맞으시죠?

고객 : 네, 안녕하세요.

네일아티스트 : 이쪽으로 앉으세요, 발 각질관리하고 패디큐어 예약하셨습니다.

고객 : 네, 맞아요. 각질관리 받고 기본 컬러로 페디큐어받고 싶습니다

네일아티스트 : 네, 고객님. 먼저 컬러차트 보여드릴게요. 이번 가을 시즌은 뮤트컬러가 유행입니다.

고객 : 뮤트 컬러 마음에 드네요. 하늘색 뮤트컬러로 할게요.

네일아티스트 : 네. 먼저 그럼 각질관리부터 들어가겠습니다. 시간은 2시간 정도 소요되십니다.

고객 : 네, 감사합니다.

2. Foot Care Consultation

Nail Artist : Hello, customer. You must be Eunyoung, who reserved at 3:00 PM?

Customer : Yes, hello.

Nail Artist : Please have a seat here, you have reserved for foot exfoliation and pedicure.

Customer : Yes, that's right. I want to get a basic color pedicure after getting an exfoliation.

Nail Artist : Yes, ma'am. First, I'll show you the color chart. Muted colors are in fashion this fall season.

Customer : I like the muted colors. I'll take the sky blue muted color.

Nail Artist : Yes. First, we'll start with the exfoliation. It will take about 2 hours.

Customer : Thank you.

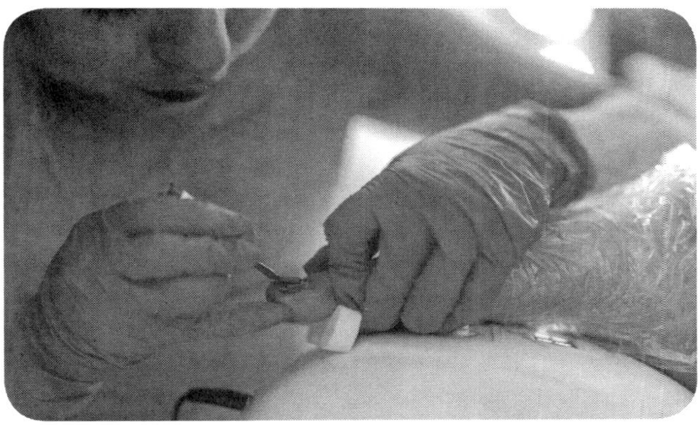

고객 접객 용어	포인트
(해당 이미지 사진을 붙여보세요)	MEMO

실무 단어

(해당 이미지 사진을 붙여보세요)

(해당 이미지 사진을 붙여보세요)

(해당 이미지 사진을 붙여보세요)

VI

시술하기
Performing Treatments

1 Hair | 헤어

1. 샴푸 시술

미용사 : 안녕하세요. 고객님 샴푸실로 모시겠습니다.

고객 : 네, 안녕하세요.

미용사 : 여기 앉아주세요. 뒤로 천천히 누워주시겠어요? 혹시 불편한 부분 있으신가요?

고객 : 목이 조금 불편해요.

미용사 : 죄송합니다. 의자를 조금 낮춰드릴게요, 지금 괜찮으세요?

고객 : 네, 괜찮습니다.

미용사 : 네, 수건으로 얼굴 덮어드리겠습니다. 물 온도 괜찮으세요?

고객 : 네, 괜찮습니다.

미용사 : 두피마사지 들어가겠습니다. 머리 헹궈드리겠습니다. 다 끝났습니다. 천천히 일어나주세요.

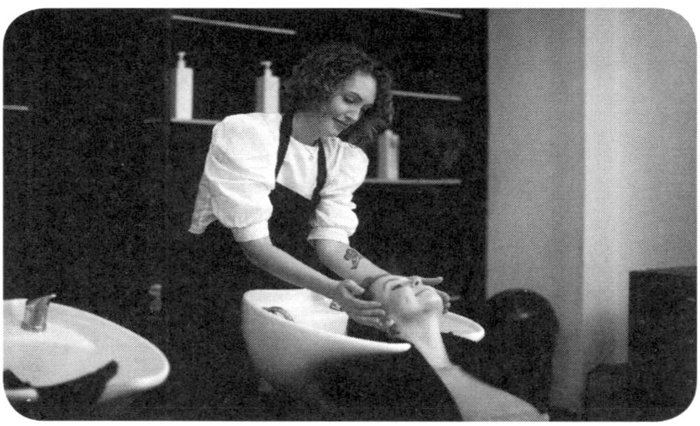

1. Shampoo Treatment

Hairdresser : Hello, I'll take you to the shampoo room.

Customer : Yes, hello.

Hairdresser : Please have a seat here. Can you slowly lie back? Do you have any discomfort?

Customer : My neck is a little uncomfortable.

Hairdresser : Sorry. I'll lower the chair a bit. Are you okay now?

Customer : Yes, I'm fine.

Hairdresser : Yes, I'll cover your face with a towel. Is the water temperature okay?

Customer : Yes, it's fine.

Hairdresser : I'll give you a scalp massage. I'll rinse your hair. It's all done. Please slowly get up.

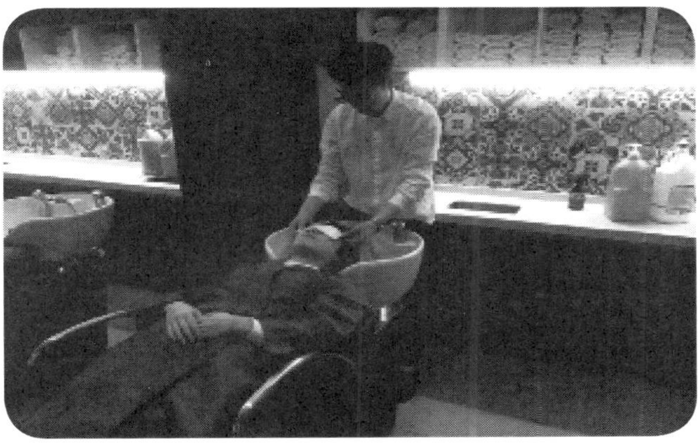

2. 펌 시술

미용사 : 안녕하세요? 오랜만에 오셨네요.

고객 : 안녕하세요. 잘 지내셨어요?

미용사 : 네, 저는 잘 지냈습니다. 오늘 펌 예약하셨죠?

고객 : 네, 펌 안한지 오래되어서 펌을 해보고 싶어서요. 요즘은 어떤 펌이 유행인가요?

미용사 : 요즘은 레이어드펌이랑 CS펌이 유행입니다. C컬과 S컬을 섞어 자연스러운 웨이브가 나오는 펌이 유행이에요. 여기 패드 보시면 제가 시술한 펌 사진입니다.

고객 : 이 펌 예쁘네요, 이 펌이 CS펌인가요?

미용사 : 네, 맞습니다. 관리하기 편하고 미디움 기장에도 예쁘게 잘 나옵니다. 고객님 스타일에도 잘 어울리실 것 같습니다.

고객 : 이 펌으로 할게요. 예쁘게 해주세요.

미용사 : 네, 그럼 펌 시술 준비하도록 하겠습니다. 샴푸실로 모시겠습니다.

[샴푸 시술 완료]

미용사 : 고객님 먼저 손상모 커트하고 영양 들어가겠습니다.

고객 : 네, 머리 손상도 심한가요?

미용사 : 아니요 괜찮습니다.

[영양제 도포 완료]

미용사 : 고객님, 이제 펌 용액 도포하겠습니다. 시술 중 불편하시면 꼭 달씀해주세요.

고객 : 네.

미용사 : 고객님, 이제 세팅 기계에 롯드를 연결하겠습니다. 혹시 불편한 부분 있으면 말씀해주세요.

고객 : 제 귀 뒤쪽 머리가 당기는 것 같아요.

미용사 : 죄송합니다. 지금은 괜찮으세요?

고객 : 네, 괜찮습니다.

미용사 : 혹시 뜨거우시면 말씀해주세요.

고객 : 네.

미용사 : 고객님 이제 중화제 도포하겠습니다. 차갑습니다.

고객 : 네 .

미용사 : 고객님, 다 되었습니다. 헹구어드리겠습니다. 컬이 잘 나왔습니다.

[샴푸 시술 완료]

미용사 : 집에서도 드라이하실 때 저와 같이 손으로 웨이브를 잡아주면서 말려주시면 컬이 더 잘 나옵니다.

고객 : 네, 그렇게 하겠습니다.

미용사 : 고객님, 다 되었습니다. 에센스로 마무리해드리겠습니다. 어떠신가요?

고객 : 정말 마음에 들어요! 감사합니다.

미용사 : 감사합니다.

2. Perm Application

Hairdresser : Hello? It's been a long time.

Customer : Hi. How have you been?

Hairdresser : Yes, I've been well. You have an appointment for a perm today, right?

Customer : Yes. I haven't had a perm in a long time, so I want to try a perm. What perm is popular these days?

Hairdresser : These days, layered perms and CS perms are popular. A perm that combines C-curls and S-curls to create a natural wave is in fashion. Here's a picture of the perm I did on the pad.

Customer : This perm is pretty, is this a CS perm?

Hairdresser : Yes, that's right. It's easy to manage and looks pretty even on medium-length hair. I think it will look good on your style.

Customer : I'll get this perm. Please make it pretty.

Hairdresser : Okay, I'll get ready for the perm application. I'll take you to the shampoo room.

[Shampooing completed]

Hairdresser : First, I'll cut off the damaged hair and apply nutrients.

Customer : Yes, is my hair damaged?

Hairdresser : No, it's okay.

[Nourishing agent applied]

Hairdresser : I'll apply perm solution now. Please let me know if you're uncomfortable during the treatment.

Customer : Yes.

Hairdresser : I'll connect the rod to the setting machine now. If you have any discomfort, please let me know.

Customer : My hair behind my ears feels stretched.

Hairdresser : Sorry. Are you okay now?

Customer : Yes, I'm fine.

Hairdresser : Please let me know if it's hot.

Customer : Yes.

Hairdresser : I'll apply the neutralizing agent now. It's cold.

Customer : Yes.

Hairdresser : You're done, I'll rinse you. The curls came out well.

[Shampooing completed]

Hairdresser : When you dry your hair at home, if you hold the waves with your hands like I do, the curls will come out better.

Customer : I'll do that.

Hairdresser : You're done. I'll finish with essence. How is it?

Customer : I really like it! Thank you.

Hairdresser : Thank you.

3. 염색 시술

미용사 : 안녕하세요. 잘 지내셨어요?

고객 : 안녕하세요. 잘 지냈어요 ~

미용사 : 오늘 염색 예약 맞으시죠?

고객 : 네, 맞아요. 여름이라 머리 색이 너무 어두운 것 같아서 밝게 염색하고 싶어서 왔어요. 저한테는 무슨 색이 잘 어울릴까요?

미용사 : 고객님은 피부가 하얀편이고 눈동자가 까만편이어서 쿨톤 계열의 색으로 염색하시면 잘 어울릴 것 같습니다. 모발 염색 차트 한 번 보시겠어요?

고객 : 네, 좋아요. 저 쿨톤이에요, 그럼 이런 애쉬그레이나 애쉬브라운 색이 잘 어울릴까요?

미용사 : 네, 맞아요, 잘 고르셨어요. 지금 머리색에서는 여기 보시는 정도의 톤으로 나올 것 같아요. 괜찮으세요?

고객 : 네, 좋아요.

미용사 : 그럼 시술 준비할게요.

고객 : 네.

미용사 : 고객님 염색약 도포하겠습니다. 두피 쪽은 머리의 열로 인하여 더 밝게 나오기 때문에 나중에 도포할게요. 혹시 불편한 점 있으면 말씀해주세요.

고객 : 네.

미용사 : 고객님, 머리색 나오는 중입니다. 두피쪽 도포하겠습니다.

고객 : 네.

미용사 : 고객님, 머리색 잘 나온거 같습니다. 샴푸 하실게요.

고객 : 네.

미용사 : 고객님 머리색 마음에 드시나요?

고객 : 생각보다 더 잘나온거 같아요. 마음에 들어요. 제가 생각했던 색이에요,

미용사 : 감사합니다.

3. Hair Dyeing Treatment

Hairdresser : Hello? How have you been?

Customer : Hi. I've been well.

Hairdresser : You have an appointment for hair dyeing today, right?

Customer : Yes, that's right. I think my hair color is too dark for summer, so I came to get it dyed brighter. What color would look good on me?

Hairdresser : With your fair skin and dark eyes, you would look good with a cool tone color. Would you like to take a look at the hair dye chart?

Customer : Yes, please. I'm a cool tone, so would ash gray or ash brown look good on me?

Hairdresser : Yes, that's right, you did a good job choosing. From your current hair color, I think it will come out to this tone, which you can see here. Is that okay?

Customer : Yes, that's great.

Hairdresser : Then I'll get ready for the treatment.

Customer : Okay.

Hairdresser : I'll apply the hair dye to you. I'll apply it later because the scalp area will come out brighter due to the heat of the hair. If you have any discomfort, please let me know.

Customer : Okay.

Hairdresser : Your hair color is coming out. I'll apply it to the scalp.

Customer : Okay.

Hairdresser : Your hair color looks good. Let's shampoo.

Customer : Okay.

Hairdresser : Do you like your hair color?

Customer : It came out better than I expected. I like it. It's the color I was thinking of.

Hairdresser : Thank you.

고객 접객 용어	포인트
(해당 이미지 사진을 붙여보세요)	MEMO

실무 단어

(해당 이미지 사진을 붙여보세요)

(해당 이미지 사진을 붙여보세요)

(해당 이미지 사진을 붙여보세요)

2 Makeup | 메이크업

1. 뷰티메이크업 시술

메이크업아티스트 : 고객님, 오늘 증명사진 잘 나오는 메이크업 해드릴게요.

고객 : 네, 감사합니다.

메이크업아티스트 : 먼저 기초메이크업부터 들어가겠습니다. 그리고 눈썹 모양 잡아드릴게요.

고객 : 네.

메이크업아티스트 : 고객님, 눈썹 모양 어떠신가요? 괜찮으신가요?

고객 : 왼쪽이 좀 내려간거 같아요.

메이크업아티스트 : 잠시만요. 지금은 어떠세요?

고객 : 괜찮아요.

메이크업아티스트 : 고객님, 눈 감아주세요. 눈 위로 떠 주세요. 속눈썹 컬링 들어가겠습니다. 무릎 한 번 봐주세요. 감사합니다. 혹시 지금 불편하신 부분 있으신가요?

고객 : 없습니다.

메이크업아티스트 : 고객님, 입술 색은 어떤 색으로 해드릴까요?

고객 : 코랄 계열로 해주세요.

메이크업아티스트 : 네, 알겠습니다. 메이크업 끝났습니다. 어떠신가요?

고객 : 정말 마음에 들어요. 감사합니다.

1. Beauty Makeup Procedure

Makeup Artist : Today, I'll give you a makeup that looks good in your ID photos.

Customer : Thank you.

Makeup Artist : First, I'll start with the basic makeup, and then I'll shape your eyebrows.

Customer : Okay.

Makeup Artist : How do you like the shape of your eyebrows? Is it okay?

Customer : The left one seems to be a bit down.

Makeup Artist : Wait a minute. How is it now?

Customer : It's fine.

Makeup Artist : Close your eyes, open your eyes. I'll curl your eyelashes. Look at your knees. Thank you. Is there anything uncomfortable right now?

Customer : No.

Makeup Artist : What color would you like for your lips?

Customer : Coral, please.

Makeup Artist : Okay, I see. The makeup is finished. How do you like it?

Customer : I really like it. Thank you.

2. 웨딩메이크업 시술

메이크업아티스트 : 고객님, 웨딩메이크업 시술 시작하겠습니다. 먼저 마스크팩을 올려 피부에 수분감을 주도록 하겠습니다.

고객 : 네.

메이크업아티스트 : 고객님, 기초메이크업 먼저 시작하겠습니다. 눈썹은 자연스러운 브라운 컬러로 표현했습니다. 어떠신가요 ?

고객 : 마음에 들어요.

메이크업아티스트 : 아이섀도는 자연스러운 브라운 컬러로 표현하겠습니다. 인조속눈썹을 붙여 눈을 더 아름답게 해드릴게요.

고객 : 네.

메이크업아티스트 : 고객님, 인조속눈썹 불편하지 않으신가요?

고객 : 괜찮습니다.

메이크업아티스트 : 마지막으로 고객님이 말씀해주신 얼굴이 작아보이도록 음영을 넣겠습니다.

고객 : 네.

메이크업아티스트 : 고객님, 메이크업 완료되었습니다. 더 수정하고 싶은 부분 있으신가요?

고객 : 입술 색이 좀 더 진했으면 좋겠습니다.

메이크업아티스트 : 네. 색을 좀 더 진하게 표현해드리겠습니다.

2. Wedding Makeup Procedure

Makeup Artist : I'll start your wedding makeup. First, I'll put on a mask pack to give your skin moisture.

Customer : Okay.

Makeup Artist : I'll start with your basic makeup. I've expressed your eyebrows with a natural brown color. How do you like it?

Customer : I like it.

Makeup Artist : I'll express the eyeshadow with a natural brown color. I'll attach false eyelashes to make your eyes look more beautiful.

Customer : Okay.

Makeup Artist : Isn't the false eyelash uncomfortable for you?

Customer : It's okay.

Makeup Artist : Finally, I'll add shading to make your face look smaller, as you requested.

Customer : Okay.

Makeup Artist : Your makeup is complete. Is there any part you'd like to fix more?

Customer : I wish my lips were a bit darker.

Makeup Artist : Yes. I'll make them look darker.

고객 접객 용어	포인트
(해당 이미지 사진을 붙여보세요)	MEMO

실무 단어

(해당 이미지 사진을 붙여보세요)

(해당 이미지 사진을 붙여보세요)

(해당 이미지 사진을 붙여보세요)

3 Skin | 피부

1. 기본 피부관리 시술

피부관리사 : 고객님, 여드름 케어 시술 들어가겠습니다. 먼저 베드에 누워주세요.

고객 : 네.

피부관리사 : 클렌징 먼저 들어가겠습니다.

고객 : 네.

피부관리사 : 클렌징 끝났습니다. 각질제거 시작하겠습니다. 피부가 혹시 따갑거나 아프신가요?

고객 : 아니요. 괜찮습니다.

피부관리사 : 여드름 관리 시작합니다. 아프면 말씀해주세요.

고객 : 네.

피부관리사 : 기초 스킨케어 시작합니다. 마지막으로 모델링팩 올려드리겠습니다.

고객 : 네.

피부관리사 : 관리 끝났습니다. 천천히 일어나세요.

고객 : 네. 감사합니다.

1. Basic Skin Care Procedure

Skin Care Specialist : I'll start your acne care treatment. Please lie down on the bed.

Customer : Okay.

Skin Care Specialist : I'll start with cleansing.

Customer : Okay.

Skin Care Specialist : Cleansing is finished. I'll start exfoliating. Is your skin stinging or hurting?

Customer : No, it's fine.

Skin Care Specialist : I'll start the acne care. Please let me know if it hurts.

Customer : Okay.

Skin Care Specialist : I'll start with basic skincare. Finally, I'll put a modeling pack on you.

Customer : Okay.

Skin Care Specialist : The treatment is finished. Please get up slowly.

Customer : Thank you.

2. 웨딩 관리 시술

피부관리사 : 고객님 웨딩관리 들어가겠습니다. 웨딩 관리는 클렌징, 각질제거, 림프마사지, 붓기케어, 얼굴 팩 순서대로 진행됩니다. 시술하는 동안 불편한 점 있으시면 손을 들어주세요.

고객 : 네, 알겠습니다.

2. Wedding Care Procedure

Skin Care Specialist : I'll start your wedding care. Wedding care consists of cleansing, exfoliation, lymph massage, swelling care, and face pack. If you have any discomfort during the treatment, raise your hand.

Customer : Okay, I understand.

고객 접객 용어	포인트
(해당 이미지 사진을 붙여보세요)	MEMO

실무 단어

(해당 이미지 사진을 붙여보세요)

(해당 이미지 사진을 붙여보세요)

4 Nail | 네일

1. 네일아트 시술

네일아티스트 : 고객님, 네일아트 시술 시작합니다. 손마사지부터 시작하겠습니다. 파라핀에 손을 넣어주세요. 많이 뜨거우신가요?

고객 : 아니오. 괜찮습니다.

네일아티스트 : 손 큐티클 제거해 드리겠습니다. 고객님 손톱 모양은 어떻게 잡아드릴까요?

고객 : 추천해주실 모양 있나요?

네일아티스트 : 고객님 손에는 스퀘어쉐입이 잘 어울릴 것 같습니다.

고객 : 그럼 그렇게 해주세요.

네일아티스트 : 컬러 올리겠습니다. 고객님 오른쪽 손 램프에 넣어주세요. 뜨거우시면 말씀해주세요.

고객 : 네.

네일아티스트 : 고객님, 왼쪽 손 램프에 넣어주세요.

고객 : 네.

네일아티스트 : 고객님, 시술 다 끝나셨습니다. 마음에 드시나요?

고객 : 네, 마음에 들어요.

네일아티스트 : 감사합니다. 다음 시술 때 뵙겠습니다.

1. Nail Art Procedure

Nail Artist : I will start your nail art. I will begin with a hand massage. Please put your hand in the paraffin. Is it too hot?

Customer : No, it's okay.

Nail Artist : I will remove your cuticles. How would you like your nails shaped?

Customer : Do you have any recommendations?

Nail Artist : A square shape would look good on you.

Customer : Then, please do that.

Nail Artist : I'll apply the color. Please put your right hand in the lamp. If it's too hot, please let me know.

Customer : Yes.

Nail Artist : Please put your left hand in the lamp. Your treatment is now complete. Do you like it?

Customer : Yes, I love it. Thank you.

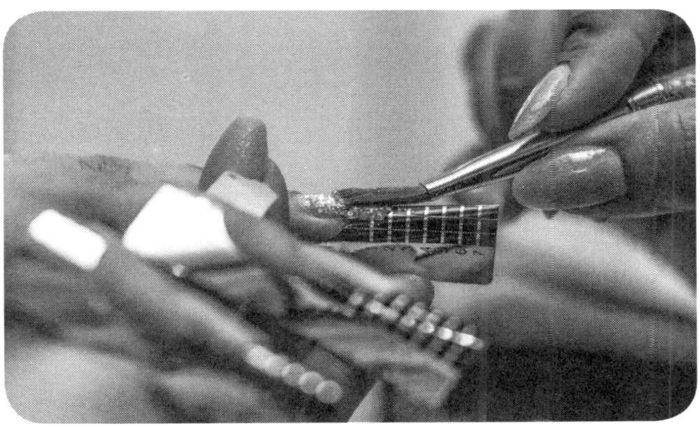

2. 패디아트 시술

네일아티스트 : 고객님, 패디의자에 앉아주세요.

고객 : 네.

네일아티스트 : 먼저 족욕부터 시작하겠습니다, 물 온도 괜찮으세요?

고객 : 네, 괜찮아요.

네일아티스트 : 발 천천히 수건 위에 올려주세요. 각질제거 해드리겠습니다. 각질제거 더 필요한 부분 있으실까요?

고객 : 발뒤꿈치 조금 더 제거해주세요.

네일아티스트 : 네, 알겠습니다. 발 큐티클 제거 시작하겠습니다. 고객님 원하는 컬러 있으시면 컬러 차트 보고 계세요.

고객 : 네. 여름이라 파란색으로 하고 싶어요.

네일아티스트 : 파란색 예쁘죠. 요즘 애쉬블루컬러가 유행입니다. 어떠세요?

고객 : 예쁜 것 같아요. 이 색으로 할게요.

네일아티스트 : 네, 그럼 애쉬블루 컬러로 발라드릴게요. 오른쪽 발 램프에 넣어주세요.

고객 : 네.

네일아티스트 : 왼쪽발 램프에 넣어주세요. 다 되셨습니다. 어떠세요?

고객 : 색이 정말 예쁘네요. 감사합니다.

2. Pedicure Procedure

Nail Artist : Please have a seat in the pedicure chair.

Customer : Yes.

Nail Artist : First, I'll start with foot bath. Is the water temperature okay?

Customer : Yes, it's fine.

Nail Artist : Please slowly put your feet on the towel. I'll remove your calluses. Do you need me to remove more calluses from any part of your feet?

Customer : A little more from the heel, please.

Nail Artist : Yes, I understand. I'll start removing your cuticles. If you have any colors in mind, please look at the color chart.

Customer : Yes. I want to do blue because it's summer.

Nail Artist : Blue is pretty. Ash blue is in fashion these days. How about that?

Customer : It looks pretty. I'll take this color.

Nail Artist : Okay, I'll apply the ash blue color. Please put your right foot in the lamp.

Customer : Yes.

Nail Artist : Please put your left foot in the lamp. You're all done. How do you like it?

Customer : The color is really pretty. Thank you.

고객 접객 용어	포인트
(해당 이미지 사진을 붙여보세요)	MEMO

실무 단어

(해당 이미지 사진을 붙여보세요)

(해당 이미지 사진을 붙여보세요)

(해당 이미지 사진을 붙여보세요)

VII

결제하기
Processing Payments

1 Payment and Settlement | 계산 및 지불

매니저 : 고객님, 오늘 수고하셨습니다. 시술 마음에 드셨어요?

고객 : 네, 머리 잘 나와서 정말 좋아요. 감사합니다.

매니저 : 고객님 마음에 드신다니 저도 정말 좋습니다. 고객님 소지품입니다. 소지품 그대로인지 확인해보시겠습니까?

고객 : 네, 다 있습니다. 오늘 총 얼마인가요?

매니저 : 고객님은 오늘 커트와 파마를 하셨습니다. 총 12만 원입니다. 계산은 현금과 카드 중 어느 것으로 하시겠습니까?

고객 : 카드로 하겠습니다.

매니저 : 고객님, 저희 살롱에 회원권도 있으니 확인해보시고 관심 있으시면 말씀해주세요.

고객 : 괜찮습니다. 다음에 하겠습니다.

매니저 : 네, 그럼 결제하겠습니다. 할부하시겠습니까?

고객 : 일시불로 하겠습니다.

매니저 : 네, 알겠습니다. 금액 확인하시고 여기에 서명 부탁드립니다,

고객 : 감사합니다.

매니저 : 이것은 줄리아 스타일리스트 명함입니다. 스타일리스트 휴무 잘 확인하시고 언제든지 예약 원하시면 연락주세요.

고객 : 감사합니다.

매니저 : 네, 고객님 좋은 하루 보내세요.

Payment and Settlement

Manager : Thank you for your visit today, was your service satisfactory?

Customer : Yes, I really like my hair. Thank you.

Manager : I'm glad you're happy with your service. Here are your belongings, would you like to check to make sure everything is there?

Customer : Yes, everything is here. How much is the total today?

Manager : You had a haircut and perm today, the total is 120,000 won. Would you like to pay with cash or card?

Customer : I'll pay with a card.

Manager : We also have memberships available at our salon, please check and let me know if you're interested.

Customer : No, I'll think about it next time.

Manager : Alright, I'll process the payment. Would you like to pay in installments?

Customer : I'll pay in full.

Manager : Okay, I understand. Please confirm the amount and sign here.

Customer : Thank you.

Manager : Here's a business card for Julia, your stylist. Please check her schedule and feel free to contact us for any future appointments.

Customer : Thank you.

Manager : You're welcome, have a great day!

고객 접객 용어	포인트
(해당 이미지 사진을 붙여보세요)	MEMO

실무 단어

(해당 이미지 사진을 붙여보세요)

(해당 이미지 사진을 붙여보세요)

(해당 이미지 사진을 붙여보세요)

(해당 이미지 사진을 붙여보세요)